La Niña que Podría Bailar en Espacio Exterior

Un Cuento Inspirador sobre Mae Jemison

Las Niñas que Podrían Serie

La Niña que Podría Hablar con las Computadoras
La Niña que Podría Bailar en Espacio Exterior
La Niña que Podría Cantar con los Pájaros
La Niña que Podría Curar su Corazón

La Niña que Podría Bailar en Espacio Exterior

Maya Cointreau

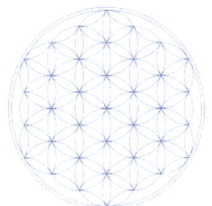

Earth Lodge®
www.earthlodgebooks.com
Roxbury, Connecticut

Todos los derechos reservados, incluyendo el derecho a reproducir esta obra en cualquier forma, sin permiso escrito, excepto en el caso de una breve cita en artículos críticos o revisiones. Toda la información en este libro de Earth Lodge se basa en las experiencias del autor. Para mas informacion contacte Earth Lodge®, 12 Church Street, Roxbury, CT 06783 o visite Earth Lodge® en línea en www.earthlodgebooks.com

Copyright 2014 por Maya Cointreau

Impreso y publicado en Estados Unidos por Earth Lodge®

ISBN 978-1-944396-47-3

Todas las ilustraciones, diseño y diseño de Maya Cointreau

"No deje que nadie le robe su imaginación, su creatividad, o su curiosidad. Es tu lugar en el mundo; es tu vida. Sigue y haz todo lo que puedas con él, y haz que sea la vida que quieres vivir."

Mae Jemison

Mira el cielo, el sol,

la luna y las estrellas.

¿Alguna vez preguntó cómo

Tu estas donde estas?

Algunas niñas bailan,

   Algunas les gusta subir árboles,

   Algunas siguen las reglas,

   Algunas siempre corren gratis.

Mae comenzó,

Como muchas niñas,

Girando y bailando

En bonitos tutúes.

Su madre aplaudió

Luego la llevó a un lado,

Para besarla y susurrar,

"Mae, siempre apunta alto."

"Bailar es maravilloso,"

dijo ella con una sonrisa.

"Sólo no olvides el aventuras

que aún no ha comenzado."

"Tu puedes enseñar o puedes curar,

Tu puedes cultivar mangos maduros,

O puedes funcionar un negocio, hija,

Y todavía bailaras tangos."

"Puedes hacer mucho,

Mae, alcanza las estrellas.

Tómese su tiempo para estudiar

Y aprender quién eres."

Mae sabía que mamá tenía razón,

Así que aprendió todo lo que pudo.

Matemáticas, ciencias y artes

Todo le hacía sentirse bien.

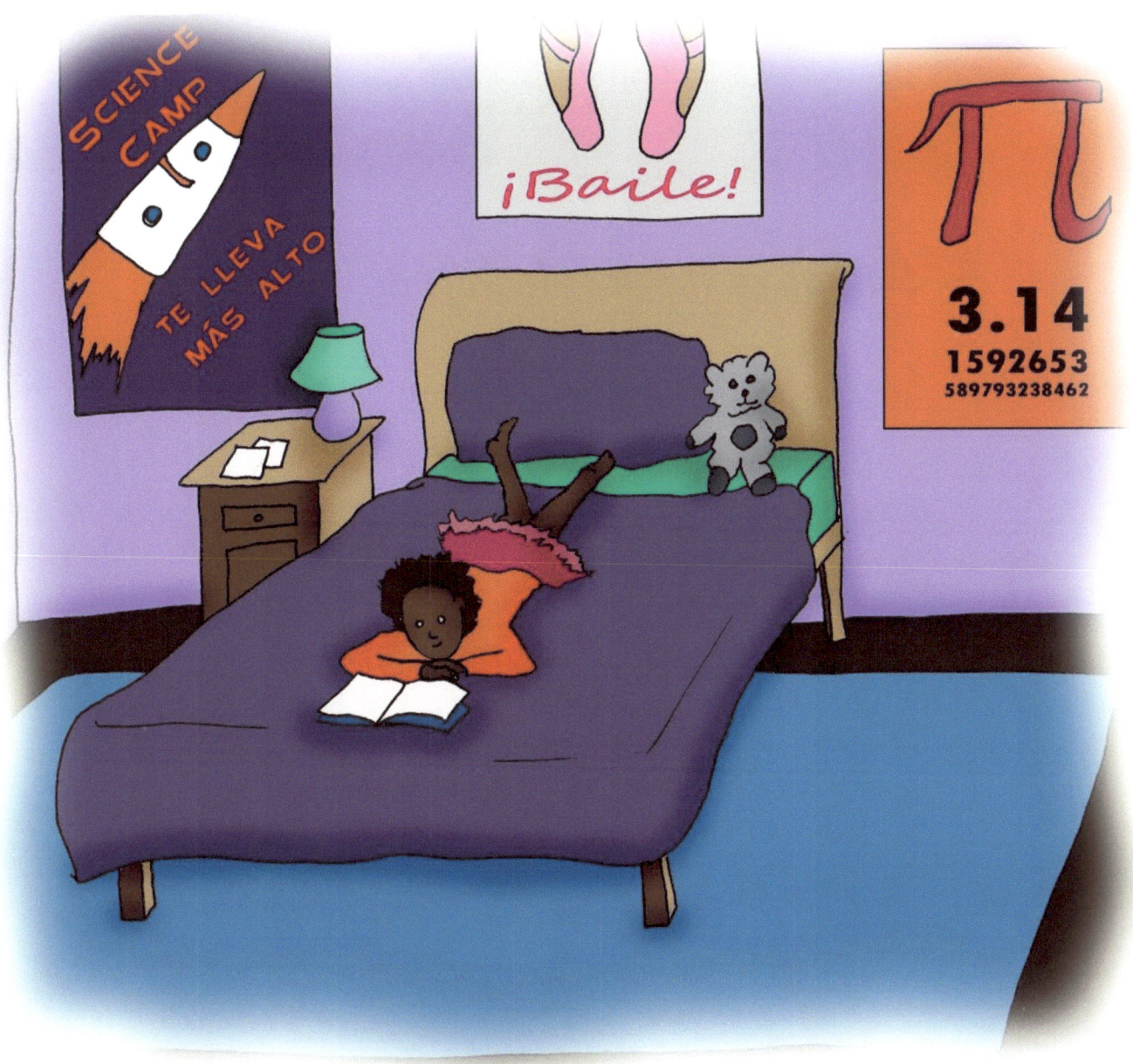

La matemática le ayudó a

resolver problemas.

La ciencia le mostró el camino.

Y bailando y dibujando

Siempre iluminaba su día.

Ella descubrió un secreto

No todo el mundo sabía -

Que la ciencia y el arte

Ayudar a la gente a ver la verdad.

La verdad, encontró Mae,

Es que todos sueñan.

Estamos aquí para crear,

Cualesquiera que sean los medios.

Como doctor viajó

Trayendo esperanza y cuidado

A las personas que lo necesitaban,

Los enfermos y los asustados.

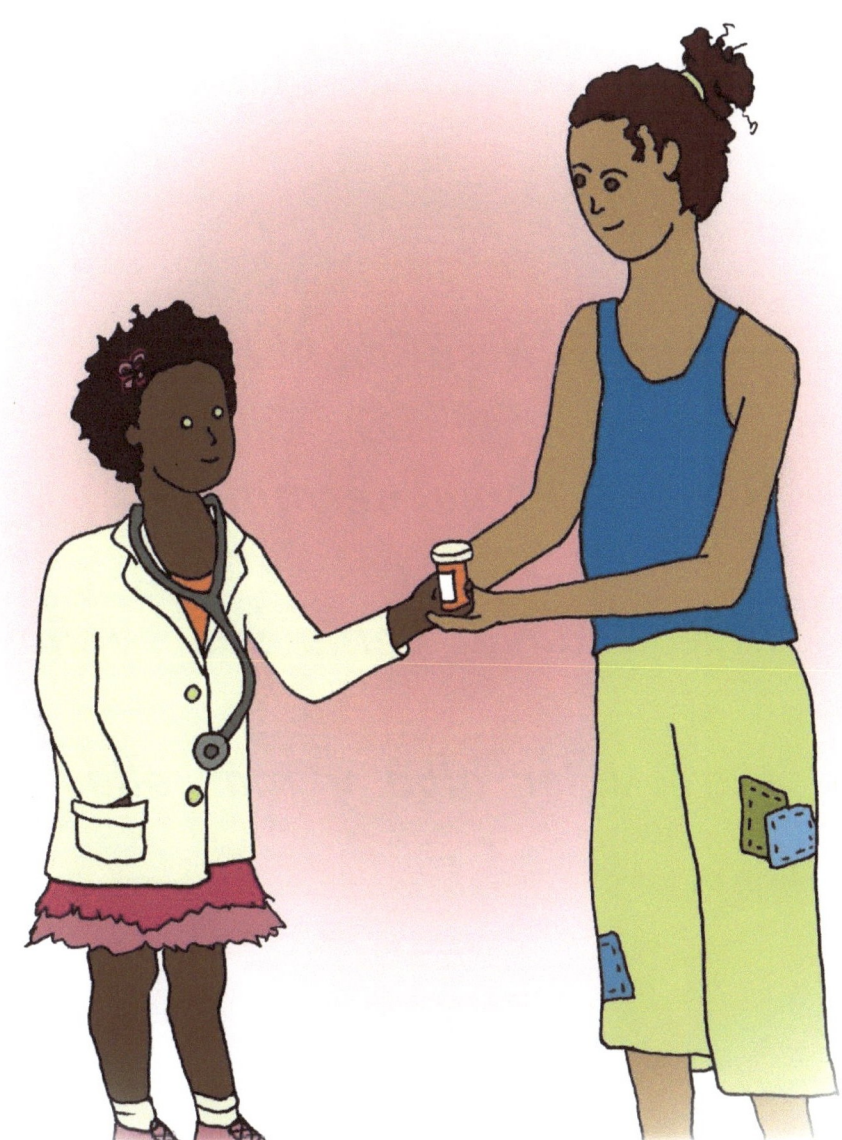

Pero no fue suficiente,

Aún no había terminado.

Mae todavía tenía sus sueños

Para volar alto y más allá.

Se unió al equipo científico de la NASA,

Monté una lanzadera al espacio,

Riendo con estrellas

Por siete días seguidos.

Cumpliendo su misión,

A la Tierra Mae volvió,

Enseñando a otros a seguir

Su alegría mientras aprenden.

El mundo es un lugar grande,

Más grande cuando eres pequeño.

Explora como quieras –

¡Baile a su propio musica!

Mas Sobre Mae Carol Jemison

Mae Carol Jemison nació el 17 de octubre de 1956. Mae tenía una pasión por la ciencia toda su vida, pero también amaba las artes, especialmente el baile. En 1977 se graduó de la Universidad de Stanford con una licenciatura en ingeniería química. Continuó bailando con Alvin Ailey y recibió su Doctorado en Medicina en la Universidad de Cornell en 1981, trabajando como médico general y viajando a Tailandia, Kenia y Cuba prestando atención médica. Más tarde, se desempeñó como Oficial Médico con el Cuerpo de Paz en Liberia y Sierra Leona.

Cuando era niña, Mae siempre soñaba con viajar al espacio. Su primera solicitud a la NASA para ser un astronauta fue denegada. Mae no renunció a su sueño - se volvió a aplicar y su segunda solicitud fue aceptada. El 12 de septiembre de 1992, Mae se convirtió en la primera mujer negra en volar al espacio. "Fue un momento tan significativo porque desde que era una niña siempre había asumido que iría al espacio", dice Mae. Ella trajo un cartel de ballet con ella al espacio, porque "muchas personas no ven una conexión entre la ciencia y la danza, pero considero que ambos son expresiones de la creatividad ilimitada que la gente tiene que compartir unos con otros".

Continúa dando conferencias sobre el tema de la creatividad, mientras trabaja con sus compañías, The Jemison Group y The Dorothy Jemison Foundation for Excellence, para desarrollar programas y productos innovadores.

Foto cortesía de la NASA, julio de 1992

Fuentes biográficas y de cotización: la Administración Nacional de Aeronáutica y Espacio (NASA), My Hero Project, Ted·com, DrMae·com, JemisonFoundation·org y Wikipedia.

Sobre el Autor

Maya Cointreau ha estado escribiendo y dibujando toda su vida. Ella vive en una granja en Connecticut con su familia, un paquete de caniches, un rebaño de caballos, y un carro lleno de gatos. Para obtener más información acerca de sus otros libros y CDs, visite su sitio web en http://www.mayacointreau.com.